DU

LEVIER DIGITAL

PARIS. — IMPRIMÉ CHEZ JULES BONAVENTURE,
55, QUAI DES GRANDS-AUGUSTINS.

DU

LEVIER DIGITAL

ÉTUDE

SUR LE MÉCANISME DE LA RÉGION DIGITALE
DES SOLIPÈDES

PAR

M. LÉON DELPÉRIER

Vétérinaire.

PRIX : 1 FR. 50 C.

PARIS

SCHLESINGER FRÈRES, LIBRAIRES-ÉDITEURS
RUE DE SEINE, 12

1869

DU
LEVIER DIGITAL

Dans l'étude des aplombs du cheval et de ses allures, rien ne présente plus d'intérêt que le mécanisme de la région digitée. Cette région, relativement aux aplombs et aux allures, fait l'office d'un levier soumis à des forces musculaires qui lui sont transmises par des cordes tendineuses et à des forces physiques qui agissent directement sur lui.

Fig. 1.

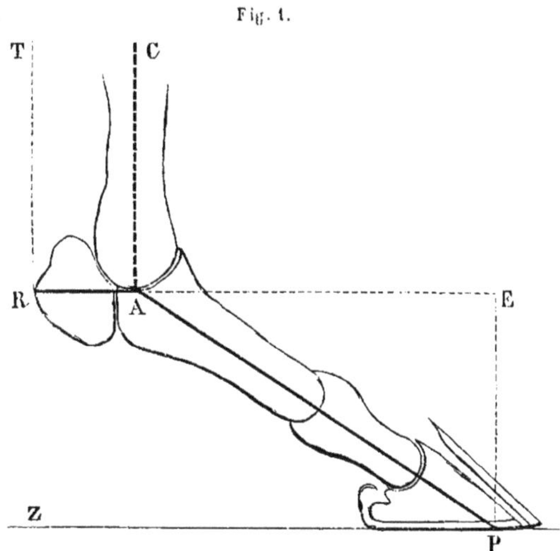

J'appelle *levier digital* la ligne fictive sur laquelle se passent les phénomènes d'équilibre entre le poids du corps ou réaction du sol et l'action musculaire opposée à la réaction du sol.

Cette ligne RAP (*fig.* 1re) est déterminée par la série des articles osseux juxtaposés en ligne brisée, savoir : les grands sessamoïdes, la première, la deuxième et la troisième phalange, auxquels il faut ajouter le sabot et le fer qui le protège.

Des deux forces qui se font équilibre sur cette ligne, l'une : le poids du corps, représentée par la réaction du sol qui lui est parallèle, agit au point P, suivant la direction PE parallèle au canon ; l'autre, représentée par l'action musculaire et la ténacité de l'appareil suspenseur du boulet, agit au point R, situé à la face postérieure des sessamoïdes, par l'intermédiaire des tendons fléchisseurs, suivant la direction RT. La ligne RAP, obéissant à l'une ou à l'autre de ces forces, oscille sur un point fixe A, situé au centre de l'articulation métacarpo-phalangienne.

RAP constitue donc un levier de premier genre ou interfixe. La force PE représente la puissance. La force RT représente la résistance. Enfin le point A, situé entre la puissance et la résistance, représente le point d'appui.

Tel est le levier digital.

Analyse du Levier digital.

En décomposant le levier digital, on reconnaîtra que le bras de levier de la puissance AP comprend toute la longueur des trois phalanges placées bout à bout, plus l'épaisseur qui sépare la face intérieure de l'os du pied de la surface d'appui, c'est-à-dire l'épaisseur de la sole du sabot et celle du fer, quand le sabot est ferré.

Ce bras de levier peut donc être nommé, dans les developpements qui vont suivre : *Bras phalangien*, puisqu'il est formé presque en totalité par les phalanges. — Sa longueur AP n'est que sa longueur apparente, car la force PE ne lui étant pas perpendiculaire, la longueur réelle ou mécanique sera mesurée par la perpendiculaire AE tirée du point d'appui sur la direction de la puissance (*fig.* 2).

Il est évident que la longueur réelle ou mathématique du bras phalangien est toujours moindre que sa longueur apparente ; car, des deux lignes droites, AE et AP, la plus courte sera toujours la perpendiculaire, abaissée du point A ou PE (*fig.* 2).

Fig. 2.

Dans un seul cas, le bras mécanique de la puissance est égal au bras apparent ; c'est quand la ligne phalangienne AP est parallèle à la ligne du sol ; parce qu'alors la puissance PE est perpendiculaire au bras phalangien. — C'est-à-dire que la ligne AP se confond avec la ligne AE. — Le cas se rencontre dans quelques circonstances : par exemple, il s'observe sur des individus livrés à une course extrêmement rapide et dont la face postérieure du boulet, au moment du bond, vient s'appuyer sur le sol. J'ai souvent fait cette remarque sur les chevaux de course. On peut la faire également au moment où le cheval, couché sur le sol, se prépare à se relever.

Le bras phalangien varie beaucoup de longueur, suivant qu'on le considère sur plusieurs individus distincts, ou dans les circonstances si variées que peut présenter un individu donné.

Bras sessamoïdien ou de la résistance.

Le bras de levier de la résistance comprend la longueur qui sépare le point d'appui A de la face postérieure des sessamoïdes — point R. — Nous pouvons donc le désigner sous le nom de ***Bras sessamoïdien.***

Dans celui-ci nous n'avons pas à rechercher si la longueur apparente ou matérielle est plus ou moins longue que sa longueur réelle ou mécanique, car presque toujours la résistance est perpendiculaire à l'axe horizontal des sessamoïdes qui, servant aux tendons de poulie de renvoi, lui opposent à peu près toujours, dans les diverses positions du boulet, l'extrémité d'un même rayon. C'est ce que j'ai voulu démontrer graphiquement par la figure 3. — Nous pouvons donc admettre que la longueur apparente et la longueur réelle du bras de levier sessamoïdien se confondent.

Fig. 3.

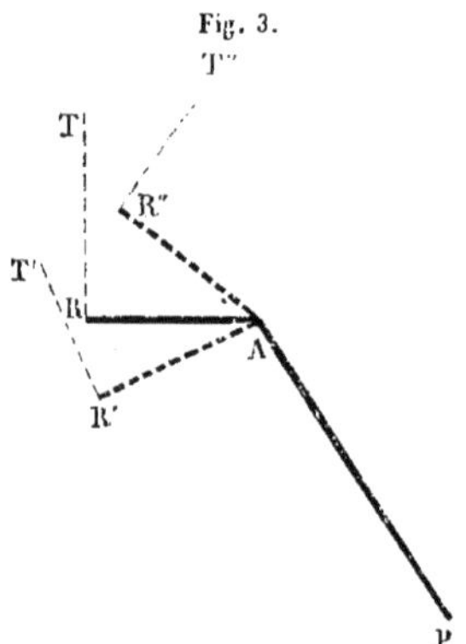

Le *levier digital*, constitué par de nombreux articles linéairement juxtaposés et susceptibles d'une grande mobilité des uns sur les autres, ne peut exister qu'au moment où ses diverses parties sont réunies en une ligne brisée à l'articulation du boulet, c'est-à-dire au moment de l'appui sur le sol.

Pour les besoins de la locomotion, on voit le levier se modifier intimement, disparaître et reparaître avec une rapidité inouïe, se multiplier, changer de genre en transposant entre elles ses trois parties constitutives. Cette propriété de se modifier a été dévolue à cette région parce qu'elle concourt à des actes essentiellement différents : le soutien de la masse pesante et le transport de la masse animée.

D'ailleurs, sans rien changer aux conclusions mathématiques des théorèmes que nous allons développer, on peut, tout en conservant au levier digital le genre interfixe, transporter la puissance en R et la résistance en P, c'est-à-dire considérer l'action musculaire RT comme étant la puissance, et la réaction du sol PE comme étant la résistance.

C'est à cause de cela que les dénominations de bras phalangien et de bras sessamoïdien remplacent avantageusement celles de bras de la puissance et de bras de la résistance.

Une fois le levier digital bien établi, et ses diverses parties bien déterminées, il est certain qu'il est soumis aux mêmes lois physiques que tous les leviers de même genre.

Nous allons grouper en une série de théorèmes les diverses propriétés du levier digital, en renvoyant, dès à présent, le lecteur aux propriétés générales des leviers, détaillées dans tous les ouvrages de physique.

THÉORÈME I.

Le bras phalangien augmente comme diminue l'ouverture de l'angle du boulet.

Supposons que l'angle du boulet CAP se ferme par la position de CA en C'A.

La ligne C'A représentant la direction du poids du corps, la réaction du sol, qui lui est toujours parallèle, se changera de PE en PE′ (*fig. 4*).

Il est évident que puisque AC devient AC′, la ligne PE doit devenir PE′, car, dans tous les cas, la réaction du sol doit être parallèle au poids du corps.

Cette variation dans la direction de PE se présentera encore ; mais il sera inutile de revenir sur ces détails.

Quand l'angle du boulet est normal, CAP, le bras phalangien, est mesuré par AE ; mais quand la position de CA est devenue C′A, le bras phalangien sera mesuré par AE′,

Fig. 4.

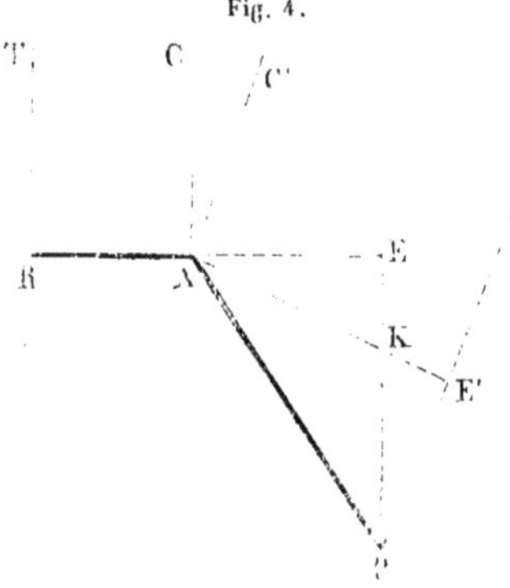

perpendiculaire abaissée du point d'appui A sur la direction de la puissance. Or il est facile de démontrer que AE′ est plus grand que AE, puisque AK, portion de AE′, est elle-même plus grande que AE : dans le triangle rectangle, AK opposé à l'angle droit est plus grand que AE opposé à un angle aigu ; *à fortiori*, AE′ plus grand que AK doit être plus grand que AE.

Cet état de choses se présente chez le cheval dont le canon se trouve projeté en avant comme celui qui est arqué, celui qui est dit sous lui du devant.

L'angle du boulet peut subir la même diminution par le

rapprochement de AP vers AE. En d'autres termes, le canon conservant sa direction perpendiculaire au sol, la ligne phalangienne devient plus oblique au sol. Pour que cette modification dans l'angle du boulet puisse avoir lieu, il faut que le point P suive l'arc du cercle PP′. — Supposons donc que AP se transporte en AP′, le bras du levier mécanique sera AE′. Or AE′ est plus grande que AE, puisque celle-ci n'est qu'une partie de celle-là (*fig.* 5).

Fig. 5.

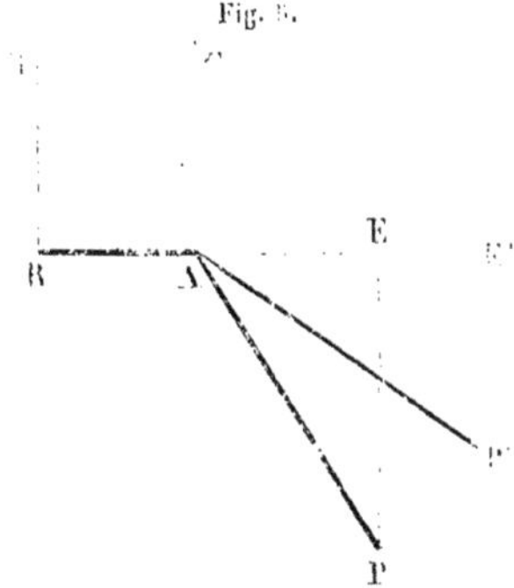

On remarque cette disposition sur les chevaux dits long-jointés.

Dans l'un et l'autre cas on comprend que la réaction du sol étant favorisée, l'action musculaire devra augmenter proportionnellement pour résister au poids du corps.

THÉORÈME II.

Le bras phalangien augmente comme diminue l'angle formé par la ligne du sol avec la ligne phalangienne, c'est-à-dire l'angle APZ (*fig.* 1).

Pour que l'inclinaison des phalanges sur le sol diminue sans que les autres conditions d'aplomb changent, il faut que le point A parcoure l'arc de cercle AZ′. — Supposons qu'il s'arrête au point A′; à ce moment le bras phalangien sera A′P, dont la valeur réelle est A′E′, perpendiculaire conduite du point d'appui nouveau sur la direction de la puissance.

Or A′E′ est plus grand que AE, puisque

A′E′ = AE + A′K (*fig.* 6).

D'après ce théorème il est certain que pour une longueur donnée du paturon, plus le boulet sera rapproché du sol, plus

Fig. 6.

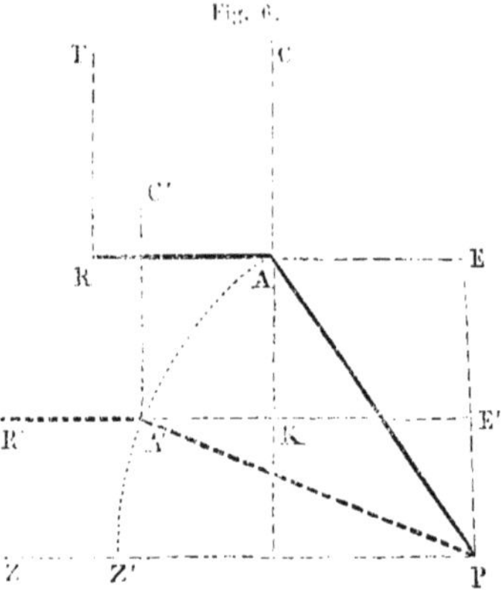

la réaction du sol sera favorisée au détriment de la résistance.

Ce théorème trouve son application dans l'examen du cheval campé sur son devant, du cheval sous lui du derrière, du cheval fourbu soit devant soit derrière.

THÉORÈME III.

La longueur du bras phalangien diminue comme augmente l'ouverture de l'angle du boulet.

Soit CAP, l'angle normal du boulet, la ligne AE mesure la longueur réelle du bras de la puissance.

Supposons que l'angle du boulet augmente et devienne C′AP par le passage de CA en C′A, c'est-à-dire par la seule déviation du canon. La réaction du sol prendra alors la direction PE′ parallèle à AC′. Et la ligne AE′ mesurera la longueur réelle du bras phalangien, puisqu'elle est la perpendiculaire abaissée du point d'appui sur la direction de la puissance (*fig.* 7).

Il faut donc démontrer que AE′ est plus petit que AE. — Cette démonstration est facile :

Fig. 7.

En effet : le triangle AE F est un triangle rectangle dont l'angle droit est en E′. Dans ce triangle le côté AF, opposé à l'angle droit, est plus grand que AE′ ; *à fortiori*, AE′ est plus petit que AE qui est plus grand que AF. Donc AE′ est plus petit que AE, ou plus simplement : les deux lignes AE′ et AF sont deux droites abaissées du point A sur la droite PE′ : La ligne AE′ étant perpendiculaire, est plus courte que l'autre ; *à fortiori* est-elle plus courte que AE plus grande que AF.

Un cas tout particulier peut se présenter : c'est une déviation telle du canon en arrière que CA prenne absolument la direction de PA en pareille circonstance, le levier phalangien proprement dit disparaît et est remplacé, relativement à la puissance et à la résistance qui ne cessent d'agir, par un autre levier de même genre absolument semblable au premier, mais qui en diffère par les rayons osseux qui le constituent.

En considérant cette transformation sur les membres antérieurs, on voit le point A se transporter à l'articulation du coude. Le point R se porte à l'extrémité du cubitus et le point *P* reste à l'extrémité du pied. On a alors le levier *RAP*.

La représentation graphique peut seule donner une idée juste de la modification subie par le levier digital et des ressources que possède la machine animale pour subvenir aux exigences de la vie (voir *fig.* 8).

Par un mouvement dont la durée ne peut être saisie, le corps qui se mouvait par un levier dont les deux bras, à peu près égaux, n'ont pas chacun plus d'un décimètre, se trouve mis en mouvement par un levier dont le bras de la puissance a plus que quintuplé de longueur, tandis que celui de la résistance a conservé à peu près la même longueur.

Du reste ce cas ne se présente que lorsque le cheval doit fournir la plus grande somme de vitesse dont puisse être capable la machine animale. Exemple : le galop de course de vitesse.

Or, comme la vitesse imprimée par une force est en raison directe de la brièveté de son bras de levier, nous voyons les muscles qui impriment le mouvement agir sur un bras de levier huit fois plus court que celui de la force qui lui est opposée.

Il serait facile de calculer l'augmentation de longueur qu'acquiert le bras de levier de la réaction du sol, par le transport du point d'appui du boulet au coude : sur un cheval bien conformé, la longueur des trois phalanges réunies entre à peu près quatre fois dans la longueur du coude au boulet. En sorte que si AP (*fig.* 8) mesure un décimètre, le nouveau bras *AP* (*fig.* 8) représentera cinq décimètres. Outre cette augmentation, il y a celle provenant de l'obliquité de la ligne phalangienne sur le sol (Théorème II). En diminuant de moitié l'an-

Fig. 8.

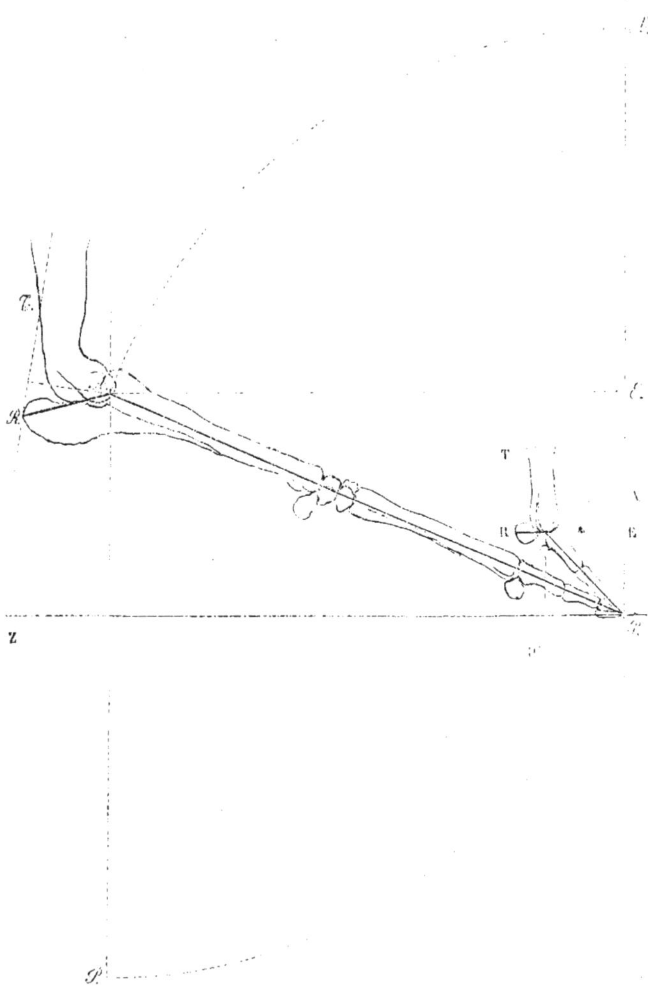

gle APZ, le bras de la réaction du sol augmente d'un tiers;

en sorte que nous devons avoir pour longueur absolue de AE $0^{m}66^{c}$.

Quant à la différence de vitesse imprimée par la force TR, il est tout aussi facile de la déterminer.

Soit RA*P*, le levier digital proprement dit, l'effort musculaire agissant en R produira l'oscillation *P*P', c'est-à-dire qu'il produira le mouvement AA' qui est le huitième d'un arc de cercle dont A*P* est le rayon. Sur le grand levier, maintenant, l'effort musculaire agissant en *R* tend à produire l'oscillation *PP'*, c'est-à-dire qu'il produit le mouvement AA' qui est le huitième d'une circonférence dont le rayon est *AP*.

Or, le rayon A*P* est six fois et demi plus grand que le rayon A*R*, donc $AA' = AA' \times 6{,}50$.

Comme une seule contraction musculaire doit produire chacun de ces mouvements, comme dans les deux cas cette contraction agit sur des leviers à peu près égaux, il est évident que les mouvements AA' et *AA'* se produisent dans des temps à peu près égaux.

Par conséquent, la vitesse est six fois et demie plus considérable par la transformation du levier digital.

Cette augmentation de l'un des bras du levier, pendant que l'autre conserve sa longueur, explique la quantité d'efforts supplémentaires que le cheval lancé à grande vitesse est obligé de faire pour résister à la force favorisée par un levier devenu tout à coup six ou sept fois plus long. Aussi un cheval ne peut-il fournir une pareille vitesse que durant un très-petit nombre de minutes, et de pareilles épreuves doivent occasionner une infinité de tares plus ou moins graves.

La même transformation peut survenir dans les membres postérieurs; seulement le point d'appui remonte dans la région du jarret, et le point R se transporte à la pointe du calcaneum.

L'ouverture de l'angle du boulet peut augmenter par la déviation de la ligne phalangienne (*fig.* 9). Pour que cela ait lieu, il faut que le point P se déplace suivant l'arc de cercle PP'. Supposons qu'il s'arrête au point P'; avant le déplacement de AP le bras phalangien réel est AE; lorsqu'il a pris la position de AP', le bras réel est AE'. Il n'est pas besoin de démontrer que AE' est plus petit que AE.

Fig. 9.

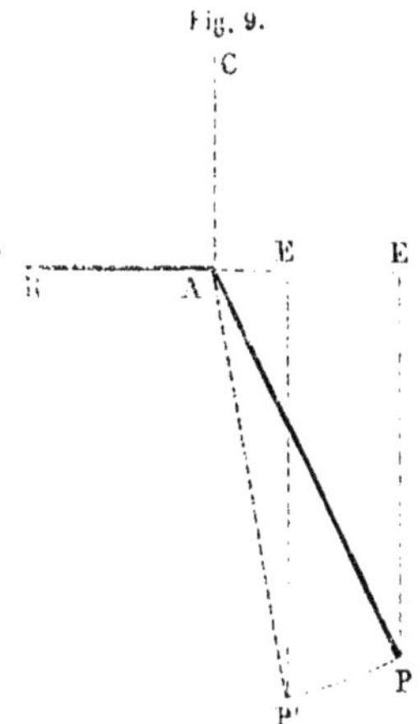

Il est donc vrai de dire que la longueur du bras phalangien est en raison inverse de l'ouverture de l'angle du boulet.

Ce théorème trouve son explication dans l'examen des chevaux dits droits sur leurs boulets ou court-jointés. Les individus ainsi conformés résistent longtemps à la fatigue et perdent rarement leurs aplombs naturels, par ce que le bras phalangien étant court d'une manière relative, l'action des muscles et des tendons se trouve considérablement favorisée.

Du reste, la nature a recours à ce moyen mécanique pour soulager la région tendineuse fatiguée soit par un service trop dur, soit par une mauvaise conformation, soit par un travail imposé à un âge trop peu avancé. A mesure que la région tendineuse se fatigue, elle se rétracte, le boulet porté en avant s'ouvre de plus en plus, le pied n'appuie que par la pince, toutes choses qui raccourcissent le bras phalangien et favorisent d'autant la résistance.

Nous avons étudié le cas où l'angle du boulet s'ouvre jusqu'à égaler deux angles droits. Étudions maintenant le cas où l'angle du boulet se renverse de manière à faire produire au boulet une saillie en avant comme dans la figure 10. Ce phénomène se produit par exemple dans les membres antérieurs, lorsque le cheval couché veut se relever.

A ce moment le levier digital normal disparaît et se trouve remplacé par un levier inter-résistant. Le point d'appui est sur le sol en A. La résistance agit vers le point R par les tendons qui s'y rattachent, et la puissance agit au point P. Cette puissance est représentée par la poussée du corps en avant. Les bras de levier de chacune de ces forces ont leur longueur respective mesurée par la ligne AE perpendiculaire élevée du point d'appui sur la direction de la puissance, et la ligne AF, perpendiculaire élevée du point d'appui sur la direction de la résistance (*fig.* 10).

Fig. 10.

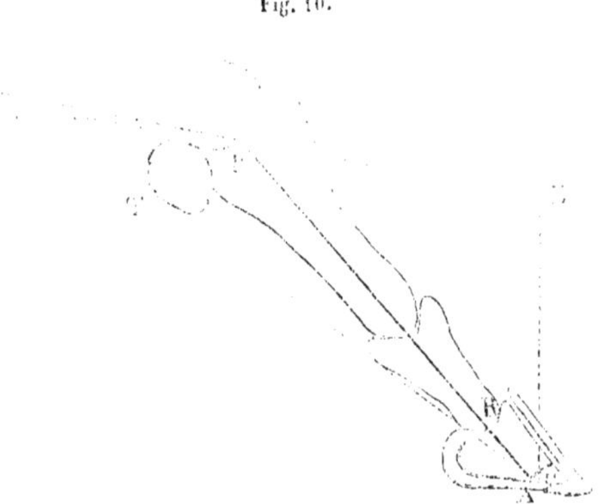

La disproportion qui existe entre les deux bras de levier explique la lenteur et la difficulté qu'on remarque pour le premier temps de l'acte du *relever*.

A mesure que le corps du cheval s'éloigne du sol, la saillie du boulet s'efface, le canon et les phalanges se mettent sur la même ligne, puis l'angle du boulet reparaît et, avec lui, le levier digital proprement dit.

Cette transformation du levier digital, vu la longueur relative qu'acquiert le bras de la puissance, a lieu toutes les fois qu'il y a un grand effort à produire dans l'un ou l'autre *train*. C'est ce qu'il est facile d'observer chez le cheval de gros trait lorsqu'il met à entraîner la charge la plus grande somme d'efforts dont il est capable.

THÉORÈME IV.

Le bras phalangien diminue en raison de l'ouverture de l'angle que forment les phalanges avec le sol.

La figure 6 nous servira à faire cette démonstration qui découle d'ailleurs du Théorème III.

Soit R'A'P le levier normal, pour que l'angle A'PZ puisse augmenter sans changer la direction du canon, il faut que le point A' remonte suivant Z'A. Supposons qu'il se porte au point A, le levier digital devient RAP. Pour le levier R'A'P, la longueur du bras phalangien est mesurée par la ligne A'E'. Pour le levier RAP. Cette longueur devient AE.

AE = A'E' — A'K. Donc AE est plus petit que A'E'.

THÉORÈME V.

La longueur du bras phalangien est en raison directe de la longueur de la ligne phalangienne. En d'autres termes : le bras réel de la puissance croît ou diminue comme le bras apparent.

La ligne phalangienne étant AP le bras phalangien réel

sera AE; si elle devient AP′, le bras phalangien deviendra AE′. Or, AE′ = AE + EE′. Donc AE′ est plus grand que AE.

Si AP devient AP″, il est évident que AE deviendra AE″. Or AE″ = AE — E″E donc AE″ est plus petit que AE (*fig.* 11).

Fig. 11.

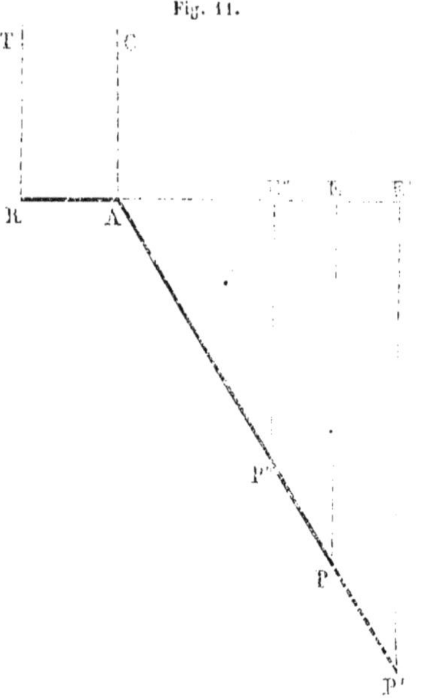

De ce Théorème découle l'importance que l'on a mise à distinguer les chevaux long-jointés des chevaux court-jointés.

Deux individus à peu près de même taille peuvent présenter de grandes différences dans la longueur du bras phalangien.

Un individu étant donné, il peut présenter de grandes variations dans la longueur de cette ligne, suivant que son sabot sera long ou court.

La ferrure peut faire varier beaucoup la longueur du bras phalangien, par les manœuvres exécutées sur le sabot, par l'épaisseur du fer appliqué sous le pied, par l'ajusture de ce même fer.

Équilibre du Levier digital.

Des divers théorèmes que nous venons de passer en revue, il sera facile de déduire les conditions qui doivent présider à l'équilibre du *levier digital*.

D'une manière générale, tout levier est en équilibre quand le produit de la puissance par son bras de levier égale le produit de la résistance par son bras de levier.

Le levier digital sera donc en équilibre quand on pourra établir l'équation suivante :

$$TR \times RA = PE \times EA.$$

Toutes les fois que cette équation est troublée, l'équilibre est détruit.

Des termes de cette équation un seul est invariable, c'est le bras de levier de la résistance ou axe des sessamoïdiens.

Toute variation survenant de l'un ou de l'autre facteur du second terme de l'équation sera supportée par le facteur TR du premier terme, pour le rétablissement de l'équilibre.

Que PE augmente et devienne PE2, l'équilibre ne pourra exister que par l'équation suivante :

$$TR2 \times RA = PE2 \times EA.$$

Que EA augmente et devienne EA2, il faudra encore que le facteur TR subisse la même augmentation pour que l'équilibre soit rétabli par l'équation.

$$TR2 \times RA = PE \times EA2.$$

On voit donc que toute augmentation survenant dans la longueur du bras phalangien ou dans le poids du corps doit forcément être supportée par TR ; or, TR représentant l'action musculaire luttant contre la réaction du sol, tout surcroît qui lui est imposé est pour le cheval une cause de fatigue et pour les aplombs une cause de ruine.

Que PE diminue et devienne $\frac{PE}{2}$, nous aurons l'équation suivante :

$$\frac{TR}{2} \times RA = \frac{PE}{2} \times EA.$$

Que ce soit l'autre facteur EA qui diminue et devienne $\frac{EA}{2}$, nous aurons :

$$\frac{TR}{2} \times RA = PE \times \frac{EA}{2}.$$

Ce qui démontre que c'est encore le seul facteur TR qui jouit pour l'équilibre de la diminution survenant dans le poids du corps ou la longueur du bras phalangien. D'où je déduis que toute cause de diminution dans le produit PE×EA est pour le cheval une cause de conservation.

Que TR augmente pour une cause ou pour une autre et devienne TR2, il faudrait pour conserver l'équilibre pouvoir établir :

$$TR2 \times RA = (PE \times EA)\,2$$

Mais dans ce cas quel facteur du second terme peut supporter cette augmentation ? Est-ce PE ? Non, puisqu'il représente le poids du corps qui ne peut varier ainsi d'un instant à l'autre. Est-ce EA ? Encore non, puisqu'il est déterminé par les aplombs mêmes du cheval, lesquels aplombs ne peuvent être modifiés de prime-saut et par la volonté du cheval, à moins qu'on ne l'y dresse ou qu'il n'ait le temps de s'y préparer.

Aussi ne voit-on pas tous les jours des exemples de ce manque d'équilibre. Un cheval est au repos et sur ses aplombs naturels, un coup de fouet ou toute autre cause vient provoquer une contraction très-forte des muscles fléchisseurs et produire par conséquent TR 2, l'équilibre se trouve rompu tout à coup et le cheval tombe.

Qu'une affection quelconque vienne diminuer ou détruire l'action des muscles ou la résistance des tendons et des ligaments du boulet, on peut représenter cette diminution par $\frac{TR}{2}$. Pour que l'équilibre puisse avoir lieu, il faudra que $PE \times EA$ puisse devenir $\frac{PE \times EA}{2}$; l'animal y pourvoit en diminuant le poids du corps par l'oscillation de la tête et le rejet sur le train qui est sain d'une partie du poids du corps. On a alors l'équation suivante :

$$\frac{TR}{2} \times RA = \frac{PE}{2} \times EA.$$

Cette formule représente la claudication du cheval, qui est toujours en raison directe du diviseur de TR, ou en raison inverse de $\frac{PE}{2}$.

Les diverses lois de l'équilibre du levier digital étant connues, on peut dès à présent déterminer la conformation que doit présenter l'extrémité digitale du cheval, pour permettre à ses aplombs d'être aussi réguliers que possible.

Il est évident que dans l'équation $TR \times RA = PE \times EA$, il n'y a que le facteur TR qui représente une contraction musculaire, une force animale. C'est donc celle-ci qu'il faut chercher à garantir, tous les autres facteurs obéissant forcément à des lois physiques desquelles ils ne peuvent s'écarter.

A un tendon peu détaché, débile, à un avant-bras grêle, il faut opposer un paturon court et droit.

Au contraire, un tendon très-détaché du canon, un avant-bras volumineux et énergique, peut résister sans fatigue à un paturon allongé et oblique, parce qu'alors encore on peut conserver l'équation ci-dessus établie.

Je crois donc qu'il n'est pas possible de déterminer pour le boulet des aplombs absolus ; qu'ils doivent être relatifs à la conformation générale du sujet, à son énergie, à sa vigueur musculaire, au poids de son corps.

Telles sont les lois qui régissent le mécanisme du levier digital et qui lui sont communes avec tous les leviers du même genre.

Si ce simple aperçu était aussi clair que bref, il servirait, je pense, à faciliter singulièrement l'étude d'une partie très-intéressante de la machine animale.

Il servirait aussi à expliquer certaines vérités admises en extérieur des solipèdes et que les amateurs ne rangeaient que péniblement dans leur esprit parce qu'ils n'avaient pas voulu chercher les lois d'où elles découlent.

En médecine vétérinaire et en extérieur tout provient de règles essentielles ou de lois physiques, et ce qui en rend l'étude si ardue, c'est la manière trop imparfaite de classer ou d'expliquer les principes qui les constituent.

Lorsque tous les phénomènes, si diversement interprétés en médecine, pourront être rapportés à des lois invariables, lorsque chaque fait observé ne sera plus qu'un problème mathématique, physique ou chimique à résoudre, alors seulement l'art sera devenu une science.

L'étude approfondie des lois qui régissent la nature a aussi pour résultat de montrer l'insuffisance ou la fausseté de certaines interprétations ayant cours et sur lesquelles on bâtit souvent des édifices essentiellement chancelants, des théories plus ou moins ingénieuses, des doctrines plus ou moins brillantes, qu'une illusion enfante et qu'un souffle anéantit.

Prenons un exemple dans notre sujet. Il est admis dans tous les cours d'extérieur et de physiologie que le poids du cheval se déverse partie sur les tendons, partie sur les os phalangiens. Première interprétation erronée, car le poids du cheval donne l'idée d'une résultante, laquelle ne peut prendre qu'une direction unique, car si elle prenait deux directions il faudrait encore la résultante de ces deux résultantes.

De cette première erreur on fait découler les suivantes :

Quand le poids du corps se déverse en plus grande partie sur les os, le tendon se trouve soulagé et *vice versâ*.

Dans tous les cas et nécessairement, le poids du corps ne peut se transmettre au sol que par une seule voie, celle des phalanges et du sabot. Ce poids ne peut représenter qu'une seule force à laquelle résiste une autre force, celle des tendons et de l'appareil suspenseur du boulet. Mais ces forces agissant sur un levier, une seule circonstance peut les favoriser, c'est la longueur de leur bras de levier respectif. Ainsi un cheval du poids de 500 kilogrammes transmettra toujours au sol ou au plateau de la bascule, quels que soient ses aplombs, une force de 500 kilogrammes. Peut-on admettre qu'en cas d'aplombs parfaits, la moitié de ce poids sera supportée par les tendons et l'autre moitié par les os des phalanges ?

Une troisième erreur, conséquence des précédentes, est la suivante : plus le cheval est long-jointé, plus le poids du corps est rejeté sur les tendons, plus les réactions sont douces.

On peut examiner ce principe sous deux points de vue : au point de vue théorique ou point de vue de l'application.

La théorie nous prouve que plus le cheval est long-jointé, plus le bras phalangien est long, par conséquent plus la réaction du sol a d'effet, plus par conséquent doit être énergique l'action des muscles qui résistent au poids du corps. Partant de là, toutes choses égales d'ailleurs, les réactions doivent être plus rudes. Quant à la réaction du sol, elle doit être absolument la même : c'est toujours le poids du cheval. Faites trotter sur le plateau d'une bascule un cheval de 500 kilogrammes, qu'il soit long ou court-jointé, il enlèvera toujours le même poids.

Il faut donc expliquer autrement la douceur des réactions des chevaux long jointés, si tant est que cette douceur existe en *application*.

Pour ma part je ne veux pas la nier, quoique j'aie monté des chevaux qui me paraissaient très-durs bien qu'ils fussent conformés pour être doux; mais je rattacherai plutôt la manifestation de ce phénomène à une manière de se mouvoir propre à chaque individu, ou à la manière dont chaque cheval a été dressé. D'ailleurs pourquoi ne pas invoquer, plus judicieusement, ce principe des leviers : le mouvement transmis par une force est en raison inverse de la longueur du bras de levier de cette force. Or, quand la réaction du sol agit sur un bras de levier plus long, le mouvement doit être plus lent et par conséquent moins rude pour le cavalier.

Presque tout le monde croit à l'influence énorme de la longueur du sabot sur les aplombs du cheval; mais peu de personnes se rendent bien compte de la manière dont cette influence se produit. Les ouvriers maréchaux dont l'art est de restaurer les aplombs qui sont détruits et de conserver ceux qui sont restés intègres, les cochers, les charretiers et un grand nombre d'amateurs se plaisent à dire qu'un sabot trop long expose le cheval à tomber en le faisant buter contre le sol pendant la marche.

En vertu du théorème V, nous expliquerons encore autrement le danger que court le cheval qui a un sabot trop long. Le sabot, en s'allongeant, augmente la longueur du bras phalangien, et occasionne par conséquent une fatigue au cheval, en exigeant de lui plus d'efforts pour résister au poids de son corps. C'est cette fatigue elle-même qui occasionne la chute de l'animal, et non l'action de heurter sur le sol qui ne se produit pas plus souvent quand le sabot est long que quand le sabot est court, attendu que le sabot ne croît qu'avec une extrême lenteur et d'une manière continue, en sorte que le cheval se trouve exhaussé, mais acquiert l'habitude de ce surcroît de longueur, qui par conséquent ne doit pas par lui-même l'exposer à des chutes plus fréquentes.

Il est ainsi une foule d'erreurs qu'il est important de combattre et qui du reste n'ont droit de vie que tant que des lois immuables ne viendront pas les renverser, malgré cette considération qu'elles sont jusqu'ici la meilleure interprétation des faits observés tous les jours.

Qu'il me soit permis d'ajouter ici une observation qui ne manque pas d'un certain intérêt et qui mérite d'être prise en sérieuse considération à cause d'une injustice qu'elle signale.

Dans les courses de vitesse ou avec obstacles, que nous voyons se répéter si souvent, il est d'usage de prendre en considération le poids que doivent porter les chevaux qui concourent. Cette mesure est essentiellement juste, car de deux chevaux qui parcourent un espace donné dans le même temps, celui qui portera le plus de poids sera celui qui aura fourni la plus grande capacité d'action.

Le poids dont on surcharge un cheval doit s'ajouter à celui de son corps et pour être emporté avec lui dans l'espace, il obéit aux mêmes lois qui régissent la progression. Il vient donc augmenter la force qui agit sur le bras phalangien du levier digital, et pour que l'équilibre puisse subsister dans ce levier, il faut que la force agissant sur le bras sessamoïdien augmente d'autant, c'est-à-dire que nous retombons dans le cas de l'équation analysée déjà,

$$TR2 + RA = PE\,2 + EA,$$

et en vertu de laquelle le facteur TR doit supporter toutes les modifications survenant dans le second terme.

Or, comme TR représente l'action musculaire résistant et enlevant le poids du corps représenté par la réaction du sol, il est évident que plus ce poids du corps augmentera, plus sera grande l'action musculaire.

Nous avons démontré précédemment que la réaction du sol augmente chaque fois que son bras de levier augmente, ou, en d'autres termes, que le terme PE×EA augmente chaque fois que le facteur EA augmente, ce qui est aussi évident que de dire 4×2 est plus petit que 4×3.

Ceci posé, prenons deux chevaux de même race, de même taille, de même poids, pour un concours de vitesse. Ils sont surchargés chacun de 60 kilogrammes; mais l'un, quoique d'aplomb, est long-jointé, son sabot est long, son fer est épais, débordant en pince, bref, par diverses causes, son bras phalangien est de 3 centimètres plus long que celui de son adversaire. Nous avons donc chez lui l'équation suivante :

$$(TR + 3) \times RA = PE \times EA + 3$$

Ce qui prouve que pour arriver dans le même temps, celui-ci aura fait preuve d'une énergie supérieure de trois à celle de l'autre.

Démontrons avec des chiffres

RA bras sessamoïdien est égal à 5 centimètres.
PE poids du corps » à 400 kilogrammes.
EA bras phalangien » à 15 centimètres.

$$\text{L'inconnu } TR = \frac{400 \times 15}{5} = 1200 \text{ kilogrammes.}$$

Supposons maintenant que l'un des chevaux a le bras phalangien de 3 centimètres plus long que l'autre. Comme la force est proportionnelle au bras du levier, nous aurons :

$$TR = \frac{400 \times 18}{} = 1450 \text{ kilogrammes.}$$

Or, TR représente l'action musculaire qui résiste et enlève le poids du corps, c'est donc une énergie musculaire, plus considérable qui permet au 2e cheval d'enlever un poids bien supérieur.

Cela prouve aussi que le poids du cheval augmente relativement à la résistance TR proportionnellement à la longueur du bras phalangien. Comme aussi la surcharge est proportionnelle à la longueur du même bras de levier.

Par exemple vous faites courir deux chevaux de même poids; mais l'un a le bras phalangien d'un cinquième plus long que l'autre, vous surchargez les deux chevaux de 100 kilogrammes. Cette surcharge équivaudra pour l'un à 120 kilogrammes, en sorte que l'un sera obligé d'enlever 120 kilogrammes pendant que l'autre n'aura que 100 kilogrammes (1).

Par cet exemple on peut juger de l'influence que l'art du maréchal peut avoir sur la manière d'être d'un cheval, sa conservation, sa réputation, la gloire qu'il peut acquérir sur un champ de course.

Aussi je me propose de faire une étude de la maréchalerie au seul point de vue de son influence sur les aplombs du cheval.

---

(1) Les chiffres représentant les kilogrammes de surcharge sont tout à fait fictifs. S'ils ont été exagérés, au point de vue de la pratique, c'est pour faciliter les calculs.

APPLICATION

De l'interprétation raisonnée de certaines modifications que subissent les aplombs du cheval, et des moyens mécaniques d'y remédier.

Pour bien faire saisir l'objet de cette étude, nous allons en faire l'application par quelques exemples. Nous prendrons d'abord un cheval présentant quelques vices dans les aplombs des membres antérieurs.

Arqure. — L'arqure est un défaut constitué par la saillie du genou en avant de la ligne d'aplomb, de telle sorte que le membre, dans toute sa partie qui doit être rectiligne, et perpendiculaire au sol, forme une courbe dont le genou représente le point saillant.

Ce défaut a pour cause directe la faiblesse des muscles de la région de l'avant-bras, ou la rétraction de l'aponévrose qui les recouvre.

Cette perturbation dans les aplombs entraîne la diminution de l'angle du boulet, favorise le bras phalangien et la réaction du sol ou puissance au détriment de la résistance, en vertu du théorème I (p. 9) et nous retombons, pour que l'équilibre puisse exister dans l'équation $TR\,2 \times RA = PE\,2 \times EA$. C'est-à-dire que $PE \times EA$ étant devenu $(PE \times EA)2$ pour que l'équilibre persiste, il faut que $TR \times RA$ devienne $(TR \times RA)2$ ou $TR2 \times EA$.

En admettant que cet équilibre puisse exister, il est facile de voir qu'il est essentiellement instable, puisque TR, déjà insuffisant, ne peut devenir TR 2 que par la volonté de l'animal, c'est-à-dire par la contraction continuelle et anormale des muscles trop débiles de l'avant-bras; aussi le cheval arqué tremble-t-il continuellement sur ses membres antérieurs et se trouve-t-il exposé à tomber sur le sol. On pourrait dire que l'arqure c'est l'effort musculaire ou la volonté luttant contre une force mécanique constante.

Bouleture. — Nous venons de voir que dans l'arqure tout le vice existe dans la région musculaire de l'avant-bras. La bouleture, qui est la saillie en avant du boulet est un vice existant dans la région tendineuse du canon. Les causes peuvent être les mêmes que celles de l'arqure, c'est-à-dire des efforts trop violents et trop continus de la force résistante; mais les lésions se localisent généralement sur l'appareil funiculaire qui, fatigué, se raccourcit, porte le boulet en avant, augmente l'ouverture de l'angle du boulet et favorise ainsi la résistance TR aux dépens de la puissance PE en vertu du théorème III (page 12). Nous retombons en ce cas dans l'équation :

$$\frac{TR}{2} \times RA = \frac{PE \times EA}{2}.$$

C'est-à-dire que TR ayant diminué et étant devenu $\frac{TR}{2}$, pour établir l'équilibre il a fallu diminuer d'autant la puissance et la faire devenir $\frac{PE}{2}$.

Ce nouvel équilibre est beaucoup plus stable que dans le cas d'arqure, attendu que, pour lutter contre la cause qui tend à détruire les aplombs, la nature emploie un moyen tout mécanique, la diminution du bras phalangien. Aussi n'est-il pas rare de voir des chevaux bouletés conserver la même sureté dans leur marche, tant sous le cavalier qu'en traînant un véhicule.

Le cadre que je me suis tracé ne me permet pas de prolonger au delà de ces limites les détails d'application des principes que je viens de développer.

Je crois que ceux que je viens de fournir suffiront pour faire comprendre le but que je me suis proposé, et pour faire apprécier l'importance de mon sujet.

Le champ que je viens de parcourir est fertile ; le moindre travail opéré sur lui, par une main habile, produirait un résultat aussi fécond qu'utile.

FIN.

Paris.—Imprimé chez Jules Bonaventure, 55, quai des Grands-Augustins.

www.ingramcontent.com/pod-product-compliance
Ingram Content Group UK Ltd.
Pitfield, Milton Keynes, MK11 3LW, UK
UKHW021930190726
13853UKWH00002B/959